SUKEN NOTEBOOK

JN095018

チャート式
基礎と演習　数学B

基本・標準例題完成ノート

【数列, 統計的な推測】

本書は，数研出版発行の参考書「チャート式 基礎と演習　数学II＋B」の
数学Bの　第1章「数列」，第2章「統計的な推測」
の基本例題，標準例題とそれに対応した TRAINING を掲載した，書き込み式ノートです。
本書を仕上げていくことで，自然に実力を身につけることができます。

目 次

1 数列と一般項

基本 例題 1 一般項が次の式で表される数列 $\{a_n\}$ の，初項から第 5 項までを求めよ。

(1) $a_n = 4n - 1$

(2) $a_n = 3^n$

(3) $a_n = 2$

TR (基本) **1** 一般項が次の式で表される数列の，初項から第 5 項までを求めよ。

(1) $-3n + 33$

(2) $64\left(\dfrac{1}{2}\right)^n$

(3) $(-1)^n n^2$

基本 例題 2 次の数列はどのような規則によって作られているかを考え，その規則に従うものとして，一般項を n の式で表せ。また，第 8 項を求めよ。

(1) 2, 4, 8, 16, ……

(2) 1, −4, 9, −16, ……

TR (基本)**2** 次の数列の規則性を見つけ，それに従うものとして一般項を n の式で表せ。

(1) 3, 6, 9, 12, ……

(2) $-\dfrac{1}{2}$, $\dfrac{1}{4}$, $-\dfrac{1}{6}$, $\dfrac{1}{8}$, ……

(3) $1\cdot1$, $3\cdot8$, $5\cdot27$, $7\cdot64$, ……

2 等差数列

基本 例題 3 (1) 初項が -3, 公差が 2 の等差数列の一般項 a_n を n の式で表せ。

(2) 次の等差数列の一般項 a_n を求めよ。

(ア) $2, 6, 10, 14, \cdots\cdots$

(イ) $100, 95, 90, 85, \cdots\cdots$

TR (基本) **3** (1) 初項が 100，公差が -9 の等差数列の一般項 a_n を n の式で表せ。

(2) 次の等差数列の公差を求めよ。また，その一般項 a_n を求めよ。

(ア) -3, -1, 1, 3, ……

(イ) 2, -2, -6, -10, ……

基本 例題 4

第 5 項が 3, 第 10 項が 18 である等差数列 $\{a_n\}$ において

(1) 初項と公差を求めよ。

(2) 第 21 項を求めよ。

(3) 初めて 1000 を超えるのは, 第何項か。

TR (基本) **4**　第 6 項が 47，第 21 項が 38 である等差数列 $\{a_n\}$ において

(1)　初項と公差を求めよ。

(2)　第 100 項を求めよ。

(3)　初めて負の数になるのは，第何項か。

基本 例題 5 次の数列は等差数列である。x, y の値を求めよ。

(1) 2, x, 20, ……

(2) 1, x, y, −11, ……

TR (基本) **5** 次の数列が等差数列であるとき，x，y の値を求めよ。

(1) $\dfrac{1}{3}$, $\dfrac{1}{x}$, $\dfrac{1}{2}$, ……

(2) x, y, $5x$, -21, ……

基本 例題 6 (1) 初項 -2, 末項 53, 項数 12 の等差数列の和 S を求めよ。

(2) 初項 5, 公差 -2 の等差数列の初項から第 17 項までの和 S を求めよ。

(3) 等差数列 6, 1, -4, $\cdots\cdots$, -184 の和 S を求めよ。

TR (基本) **6** (1) 初項 25, 末項 −10, 項数 16 の等差数列の和 S を求めよ。

(2) 初項 3, 公差 −5 の等差数列の初項から第 11 項までの和 S を求めよ。

(3) 等差数列 48, 44, 40, ……, 8 の和 S を求めよ。

標 準 例題 7 (1)　初項が -10, 末項が 200, 和が 2945 である等差数列の項数 n と公差 d を求めよ。

(2)　初項から第 10 項までの和が 555 で, 初項から第 20 項までの和が 810 である等差数列の初項 a と公差 d を求めよ。

TR (標準) 7 (1) 初項が 2, 末項が 38, 和が 200 である等差数列の項数 n と公差 d を求めよ。

(2) 初項から第 5 項までの和が 20, 初項から第 20 項までの和が 140 である等差数列の初項 a と公差 d を求めよ。

標 準 例題 8　1 から 100 までの整数について，次のような数の和を求めよ。

(1)　6 の倍数

(2)　6 の倍数でない数

TR (標準) 8　1 から 200 までの整数について，次のような数の和を求めよ。

(1)　4 の倍数

(2) 4 の倍数でない数

標 準 例題 9　初項 77，公差 -3 の等差数列 $\{a_n\}$ について，次の問いに答えよ。

(1)　一般項 a_n を求めよ。

(2)　第何項が初めて負になるか。

(3) 初項から第何項までの和が最大となるか。また，そのときの和を求めよ。

TR (標準) **9** 初項 -83，公差 4 の等差数列において，初項から第何項までの和が最小となるか。また，そのときの和を求めよ。

[3] 等比数列

基本 例題 10　　　　　　　　　　　　➡白チャート Ⅱ＋B *p.*382 STEP forward

(1)　初項が 4，公比が -3 の等比数列の一般項 a_n を n の式で表せ。

(2)　等比数列 18，-6，2，…… の公比と一般項 a_n および a_6 を求めよ。

TR (基本) **10**　(1)　初項 7，公比 $\dfrac{1}{2}$ の等比数列の一般項 a_n を求めよ。

(2)　次の等比数列の公比を求めよ。また，一般項 a_n を求めよ。

　(ア)　3，-3，3，-3，……

(イ)　$-\dfrac{16}{27},\ \dfrac{4}{9},\ -\dfrac{1}{3},\ \dfrac{1}{4},\ \cdots\cdots$

標準 例題 11　次のような等比数列の初項と公比を求めよ。ただし，公比は実数とする。

(1)　第3項が 18，第5項が 162

(2)　第2項が 4，第5項が -32

TR (標準) **11**　次のような等比数列の初項と公比を求めよ。ただし，公比は実数とする。

(1)　第 3 項が -18，第 6 項が 486

(2)　第 6 項が 4，第 10 項が 16

基 本 例題 12　次の数列は等比数列である。x，y の値を求めよ。

(1)　2，x，72，……

(2) x, -5, x, y, ……

TR (基本) **12** 次の数列は等比数列である。x, y の値を求めよ。

(1) 3, x, $\dfrac{1}{12}$, ……

(2) 9, x, 4, y, ……

基本 例題 13

➡ 白チャート Ⅱ＋B *p.* 386 STEP forward ☐ ▷ 解説動画

次の和を求めよ。

(1) 初項 5，公比 2，項数 8 の等比数列の和 S

(2) 初項 4，公比 -3 の等比数列の初項から第 n 項までの和 S_n

(3) 等比数列 $1,\ \dfrac{2}{3},\ \dfrac{4}{9},\ \dfrac{8}{27},\ \cdots\cdots$ の初項から第 n 項までの和 S_n

TR (基本) **13**　次の等比数列の和を求めよ。

(1)　初項 4，公比 $\dfrac{1}{2}$，項数 7

(2)　数列 3，-3，3，-3，……，項数 n

(3)　数列 18，-6，2，……，項数 n

標準 例題 14 初項から第 3 項までの和が 6，第 2 項から第 4 項までの和が −12 である等比数列の初項と公比を求めよ。

TR (標準) 14 初項から第 3 項までの和が −7，第 3 項から第 5 項までの和が −63 である等比数列の初項と公比を求めよ。

$\boxed{4}$ いろいろな数列

基 本 例題 15 (1)   次の式を，$\sum$ を用いないで，各項を並べた和の形で表せ。

(ア) $\displaystyle\sum_{k=1}^{7}(4k-2)$

(イ) $\displaystyle\sum_{i=1}^{n-1}7^{i}$ （ただし $n \geqq 2$）

(2)   次の式を，$\sum$ を用いて表せ。

(ア) $3+4+5+6+7$

(イ) $3^3+5^3+7^3+9^3+11^3+13^3+15^3$

TR (基本) 15 (1) (ア) $\displaystyle\sum_{k=2}^{6} k^2$　(イ) $\displaystyle\sum_{i=1}^{n+1} (3i-1)$ を，$\sum$ を用いないで，各項を並べた和の形で表せ。

(2) 次の式を，$\sum$ を用いて表せ。

(ア) $6+10+14+18+22$

(イ) $2^4+4^4+6^4+\cdots\cdots+20^4$

基本 例題 16　次の和を求めよ。

(1)　$\displaystyle\sum_{k=1}^{n}(6k+5)$

(2)　$\displaystyle\sum_{k=1}^{n}(k+1)(k-3)$

(3)　$\displaystyle\sum_{k=1}^{n}4^{k}$

TR (基本) **16** 次の和を求めよ。

(1) $\displaystyle\sum_{k=1}^{n}(3k-4)$

(2) $\displaystyle\sum_{k=1}^{n}(k+2)(k-3)$

(3) $\displaystyle\sum_{k=1}^{n}(-3)^{k}$

標 準 例題 17 恒等式 $(k+1)^4 - k^4 = 4k^3 + 6k^2 + 4k + 1$ を利用して，等式 $\displaystyle\sum_{k=1}^{n} k^3 = \left\{\dfrac{1}{2}n(n+1)\right\}^2$

が成り立つことを示せ。

TR (標準) **17**　和 $\displaystyle\sum_{k=1}^{n} k(k^2-1)$ を求めよ。

標 準 例題 18　(1)　数列 $1 \cdot 1,\ 2 \cdot 7,\ 3 \cdot 13,\ \cdots\cdots,\ n(6n-5)$ の和を求めよ。

(2) 次の数列の初項から第 n 項までの和を求めよ。

$$1,\ 1+3,\ 1+3+5,\ 1+3+5+7,\ \cdots\cdots$$

TR (標準) **18** (1) 和 $2^2+5^2+8^2+\cdots\cdots+(3n-1)^2$ を求めよ。

(2) 次の数列の初項から第 n 項までの和を求めよ。

$$1, \quad 1+2, \quad 1+2+2^2, \quad 1+2+2^2+2^3, \quad \cdots\cdots$$

基 本 例題 19

数列 $\{a_n\}$: $5, \quad 11, \quad 23, \quad 41, \quad 65, \quad 95, \quad \cdots\cdots$ の一般項を求めよ。

TR (基本) **19** 階差数列を利用して，次の数列 $\{a_n\}$ の一般項を求めよ。

(1) 20, 18, 14, 8, 0, ……

(2) 10, 10, 9, 7, 4, ……

基本 例題 20 数列 $\{a_n\}$ の初項から第 n 項までの和 S_n が $S_n = 3n(n+5)$ で表されるとき，一般項 a_n を求めよ。

TR (基本) 20 初項から第 n 項までの和 S_n が，次の式で表される数列 $\{a_n\}$ の一般項を求めよ。

(1) $S_n = -n^2 + 5n$

(2) $S_n = n^2 + 2$

標 準 例題 21 数列 $\dfrac{1}{2\cdot4}$, $\dfrac{1}{4\cdot6}$, $\dfrac{1}{6\cdot8}$, ……, $\dfrac{1}{2n(2n+2)}$ の和 S を求めよ。

TR (標準) 21 和 $S=\dfrac{1}{1\cdot5}+\dfrac{1}{5\cdot9}+\dfrac{1}{9\cdot13}+\cdots\cdots+\dfrac{1}{(4n-3)(4n+1)}$ を求めよ。

標 準 例題 22 $n \geqq 2$ のとき, 和 $S = 1 \cdot 1 + 3 \cdot 2 + 5 \cdot 2^2 + \cdots\cdots + (2n-1) \cdot 2^{n-1}$ を求めよ。

TR (標準) 22 和 $S = 4 \cdot 1 + 8 \cdot 3 + 12 \cdot 3^2 + \cdots\cdots + 4n \cdot 3^{n-1}$ を求めよ。

標 準 **例題 23** 正の奇数の数列を，次のように，第 n 群が n 個の数を含むように分ける。

$$1 \mid 3, \ 5 \mid 7, \ 9, \ 11 \mid 13, \ 15, \ 17, \ 19 \mid \cdots\cdots$$

(1) $n \geqq 2$ のとき，第 n 群の最初の数を求めよ。

(2) 第 20 群に入るすべての数の和を求めよ。

TR (標準) **23**　自然数の数列を，次のように，第 n 群が $2n$ 個の数を含むように分ける。

　　　1，2｜3，4，5，6｜7，8，9，10，11，12｜13，14，……

(1)　$n \geqq 2$ のとき，第 n 群の最初の数を求めよ。

(2)　$n \geqq 2$ のとき，第 n 群に含まれるすべての数の和を求めよ。

5 漸 化 式

基 本 例題 24　次の条件によって定められる数列 $\{a_n\}$ の一般項を求めよ。

$$a_1 = 3, \quad a_{n+1} = a_n + 4^n$$

TR (基本) 24　次の条件によって定められる数列 $\{a_n\}$ の一般項を求めよ。

(1)　$a_1 = -1, \quad a_{n+1} = a_n + 4n - 1$

(2)　$a_1 = 1$,　$a_{n+1} = a_n + n^2$

(3)　$a_1 = 4$,　$a_{n+1} = a_n + 5^n$

基本 例題 25　$a_1=5$, $a_{n+1}=6a_n+5$ によって定められる数列 $\{a_n\}$ の一般項を求めよ。

TR (基本) **25** 次の条件によって定められる数列 $\{a_n\}$ の一般項を求めよ。

(1) $a_1=1$, $a_{n+1}=2a_n-3$

(2) $a_1=1$, $2a_{n+1}-a_n+2=0$

6 数学的帰納法

基 本 例題 26 n は自然数とする。数学的帰納法を用いて，次の等式を証明せよ。

$$1+4+7+ \cdots\cdots +(3n-2)=\frac{1}{2}n(3n-1) \quad \cdots\cdots (\mathrm{A})$$

TR (基本) **26** n は自然数とする。数学的帰納法を用いて，次の等式を証明せよ。

$$1 \cdot 4 + 2 \cdot 5 + 3 \cdot 6 + \cdots\cdots + n(n+3) = \frac{1}{3}n(n+1)(n+5)$$

標 準 例題 27 n を 3 以上の自然数とするとき，不等式 $4^n > 8n + 1$ …… (A) を証明せよ。

TR (標準) **27**　n を 5 以上の整数とするとき, 不等式 $2^n > 4n + 1$ を証明せよ。

標 準 **例題 28** すべての自然数 n について，$4n^3 - n$ は 3 の倍数である。このことを，数学的帰納法を用いて証明せよ。

TR (標準) **28**　すべての自然数 n について，n^3+5n は 3 の倍数であることを，数学的帰納法を用いて証明せよ。

標 準 例題 29 数列 $\{a_n\}$ を $a_1 = 3$, $a_{n+1} = \dfrac{a_n{}^2 - 1}{n+1}$ $(n = 1,\ 2,\ 3,\ \cdots\cdots)$ で定める。

(1) a_2, a_3, a_4, a_5 を求めよ。

(2) 一般項 a_n を推測して，それを数学的帰納法を用いて証明せよ。

TR (標準) **29** $a_1 = 3$, $a_{n+1} = \dfrac{a_n - 2}{a_n - 1} + 2$ $(n = 1,\ 2,\ 3,\ \cdots\cdots)$ で定められる数列 $\{a_n\}$ について，次

の問いに答えよ。

(1) a_2, a_3, a_4, a_5 を求めよ。

(2) 一般項 a_n を推測して，数学的帰納法を用いて証明せよ。

7 確率変数と確率分布

基本 例題 39 1 から 5 までの番号をつけてある 5 枚のカードがある。この中から 2 枚のカードを引くとき，次の確率変数 X の確率分布を求めよ。

(1) 番号が偶数のカードの枚数 X

(2) 引いたカードの番号の最大値 X

TR (基本) **39**　2個のさいころを同時に投げるとき，次の確率変数 X の確率分布を求めよ。ただし，(2) では同じ目が出たときはその目を X とする。

(1)　2つのさいころの目の差 X

(2)　出る目の最小値 X

8 確率変数の期待値と分散

基本 例題 40 1から6までの番号をつけてある6枚のカードがある。この中から2枚のカードを同時に引くとき，引いたカードの番号の大きい方を X とする。このとき，次のものを求めよ。

(1) X の期待値

(2) X の分散

(3) X の標準偏差

TR (基本) **40** 2 個のさいころを同時に投げるとき, 出た目の小さい方を X とする。このとき, 次のものを求めよ。ただし, 同じ目が出たときは, その目を X とする。

(1) X の期待値

(2) X の分散

(3) X の標準偏差

基本 例題 41

(1) X を確率変数，a，b を定数とする。X の分散 $V(X)$ と $aX+b$ の分散 $V(aX+b)$ において $V(aX+b)=a^2V(X)$ が成り立つことを証明せよ。

(2) 赤玉 3 個と白玉 2 個の入った袋から，3 個の玉を同時に取り出すとき，取り出した 3 個のうちの赤玉の個数を X とする。このとき，確率変数 $2X+3$ の期待値と分散を求めよ。

TR (基本) **41** 赤玉 3 個と白玉 2 個の入った袋から，3 個の玉を同時に取り出すとき，取り出した 3 個のうちの白玉の個数を X とする。このとき，確率変数 $3X+2$ の期待値と分散を求めよ。

58

9 確率変数の和と積

標準 例題 42 1 から 9 までの数字が 1 つずつ書かれた 9 枚のカードから 1 枚引いて数字を確認して戻し，再度 1 枚カードを引く。そして，1 回目のカードの数字を一の位，2 回目のカードの数字を十の位とする 2 桁の整数を作る。このとき，次の期待値を求めよ。

(1) 各位の数字の和の期待値

(2) 2 桁の整数の期待値

TR (標準) **42**　大，中，小 の 3 個のさいころを同時に投げて，大，中，小のさいころの出た目をそれぞれ百の位，十の位，一の位の数字とする 3 桁の整数を作る。このとき，次の期待値を求めよ。

(1)　各位の数字の和の期待値

(2)　3 桁の整数の期待値

標 準 例題 43 袋 A の中には赤玉 3 個，白玉 2 個，袋 B の中には白玉 3 個，黒玉 2 個が入っている。A から玉を 2 個同時に取り出したときの赤玉の個数を X，B から玉を 2 個同時に取り出したときの黒玉の個数を Y とする。

(1) XY の期待値を求めよ。

(2) $X+Y$ の分散を求めよ。

TR (標準) **43**　箱 A には青玉 3 個，黄玉 2 個，箱 B には青玉 2 個，白玉 3 個が入っている。A から玉を 3 個同時に取り出したときの青玉の個数を X，B から玉を 3 個同時に取り出したときの白玉の個数を Y とする。このとき，XY の期待値と $X+Y$ の分散を求めよ。

基本 例題 44 2つの事象 A, B について，条件付き確率 $P_A(B)$ または $P_B(A)$ が $P_A(B) = P(B)$ または $P_B(A) = P(A)$ を満たすとき，事象 A と B は互いに独立であるという。そして $P_A(B) \neq P(B)$ または $P_B(A) \neq P(A)$ が成り立つとき，事象 A と B は互いに従属であるという。次の事象 A, B は互いに独立であるか従属であるかを判定せよ。

(1) 1組 52 枚のトランプから 1 枚引くとき，ハートの札を引くという事象 A と，ハートの絵札を引くという事象 B

(2) $P(A) = 0.7$, $P_B(\overline{A}) = 0.3$ である事象 A, B

TR (基本)**44** 次の事象 A, B は互いに独立であるか従属であるかを判定せよ。

(1) 1枚の硬貨を3回投げる試行で，1回目に表が出る事象 A と，3回とも同じ面が出る事象 B

(2) $P(A) = 0.4$, $P(A \cup B) = 0.5$, $P(\overline{A} \cup \overline{B}) = 0.8$ である事象 A, B

10 二項分布

標 準 例題 45 確率変数 X が二項分布 $B(3, p)$ に従うとき，X の期待値は $E(X)=3p$，分散は $V(X)=3p(1-p)$ であることを証明せよ。

TR (標準) **45** 確率変数 X が二項分布 $B(4,\ p)$ に従うとき，X の期待値は $E(X) = 4p$，分散は $V(X) = 4p(1-p)$ であることを証明せよ。

標 準 例題 46 次の確率変数 X の期待値，分散を求めよ。

(1) 赤玉 3 個，白玉 2 個の入った袋から 1 個の玉を取り出し色を調べてからもとに戻す。この操作を 100 回繰り返すときの白玉の出る回数 X

(2) ある製品の製造過程において，不良品が出る確率が 0.02 であるとき，製品 1000 個における不良品の個数 X

TR (標準) **46**　次の確率変数 X の期待値 $E(X)$，分散 $V(X)$ を求めよ。

(1)　四者択一の問題 20 問に解答をするのに，選択肢をでたらめに選ぶときの正解数 X

(2)　発芽率が 80 % である種子を 1000 個まくとき，発芽する種子の個数 X

11 **正規分布**　　※　以降の問題では，必要に応じて巻末の正規分布表を用いてよい。

基 本 例題 47　確率変数 X の確率密度関数 $f(x)$ が次の式で与えられるとき，指定された確率をそれぞれ求めよ。

(1)　$f(x) = \dfrac{2}{5}x$　$(0 \leqq x \leqq \sqrt{5}\,)$　　$1 \leqq X \leqq \sqrt{5}$ である確率

(2)　$f(x) = \dfrac{x^2}{3}$　$(-1 \leqq x \leqq 2)$　　$0 \leqq X \leqq 1$ である確率

TR (基本) 47 確率変数 X の確率密度関数 $f(x)$ が次の式で与えられるとき，指定された確率をそれぞれ求めよ。

(1) $f(x) = 0.2x$ $(0 \leqq x \leqq \sqrt{10})$ $2 \leqq X \leqq 3$ である確率

(2) $f(x) = \dfrac{x^2}{8}$ $(-2 \leqq x \leqq \sqrt[3]{16})$ $-2 \leqq X \leqq 1$ である確率

基本 例題 48

(1) 確率変数 Z が標準正規分布 $N(0, 1)$ に従うとき，確率 $P(1 \leqq Z \leqq 2.42)$ を求めよ。

(2) 確率変数 X が正規分布 $N(15, 3^2)$ に従うとき，確率 $P(6 \leqq X \leqq 21)$ を求めよ。

TR (基本) 48 (1) 確率変数 Z が標準正規分布 $N(0,\ 1)$ に従うとき，確率 $P(-1.98 \leqq Z \leqq -0.5)$ を求めよ。

(2) 確率変数 X が正規分布 $N(30,\ 4^2)$ に従うとき，確率 $P(22 \leqq X \leqq 32)$ を求めよ。

標準 例題 49 全国規模の検定試験が毎年度行われており, この試験の満点は 200 点で, 点数が 100 点以上の人が合格となる。今年度行われた試験については, 受験者全体での平均点が 95 点, 標準偏差が 20 点であることだけが公表されている。受験者全体での点数の分布を正規分布とみなして, 次の問いに答えよ。

(1) 今年度行われた試験の合格率は $^{ア}\boxed{}$ % である。

(2) 今年度行われた試験において, 点数が受験者全体の上位 10 % の中に入る受験者の最低点はおよそ $^{イ}\boxed{}$ である。$^{イ}\boxed{}$ に当てはまる最も適当なものを, 次の ⓪ ～ ⑤ のうちから 1 つ選べ。

⓪	116 点	①	121 点	②	126 点
③	129 点	④	134 点	⑤	142 点

TR (標準) 49 ある中学校の 3 年生の身長 X の平均は 160.0 cm，標準偏差は 5.0 cm である。身長の分布を正規分布とみなして以下の問いに答えよ。

(1) 低い方から 7 % 以内の位置にいる人の最高身長はおよそ ☐ である。☐ に当てはまる最も適当なものを，次の ⓪ ～ ⑤ のうちから 1 つ選べ。

⓪ 145.1 cm   ① 149.2 cm   ② 152.6 cm

③ 155.9 cm   ④ 158.0 cm   ⑤ 159.5 cm

(2) 身長が 165 cm 以上 175 cm 以下の人は，約何 % いるか。ただし，小数第 2 位を四捨五入して小数第 1 位まで求めよ。

基本 例題 50　a を 3 以上の整数とする。

2, 4, 6, ……, $2a$ の数字がそれぞれ 1 つずつ書かれた a 枚のカードが箱に入っている。この箱から 3 枚のカードを同時に取り出し，それらのカードを横 1 列に並べる。この試行において，カードの数字が左から小さい順に並んでいる事象を A とする。

この試行を 180 回繰り返すとき，事象 A が起こる回数を表す確率変数を X とする。このとき，$18 \leqq X \leqq 36$ となる確率を，標準正規分布 $N(0, 1)$ で近似する方法で求めよ。

TR (基本) **50**　1個のさいころを 360 回投げて，1 の目が出る回数を X とするとき，$50 \leqq X \leqq 60$ となる確率を，標準正規分布 $N(0,\ 1)$ で近似する方法で求めよ。

12 母集団と標本，標本平均の分布

基本 例題 51 1, 2, 3, 4, 5 の数字が書かれている玉が，それぞれ 10 個，5 個，5 個，5 個，10 個の計 35 個ある。この 35 個の玉を母集団とし，玉に書かれている数字を変量 X とするとき，母集団分布，母平均 m，母標準偏差 σ を求めよ。

TR (基本) 51　右の表は，90 枚の札に書かれた番号とその枚数である。90 枚を母集団，札の番号を変量 X とするとき，母集団分布を求めよ。また，母平均 m，母標準偏差 σ を求めよ。

番号	-2	-1	1	2	3	計
枚数	10	20	30	20	10	90

標 準 例題 52 母平均 58，母標準偏差 12 をもつ正規分布に従う母集団から，大きさ 100 の無作為
標本を抽出するとき，次の確率を求めよ。

(1) 標本平均 $\overline{X}$ が 61 より大きい値をとる確率

(2) 標本平均 $\overline{X}$ が 55 以上 61 以下である確率

TR (標準) **52**　母平均 120，母標準偏差 30 をもつ正規分布に従う母集団から，大きさ 100 の無作為標本を抽出するとき，次の確率を求めよ。

(1)　標本平均 $\overline{X}$ が 123 より大きい値をとる確率

(2)　標本平均 $\overline{X}$ が 114 以上 126 以下である確率

標 準 **例題 53**　ある地域では有権者において，A 政党の支持者の割合が 50 % であることがわかっている。この地域で，有権者の中から無作為に 100 人抽出したときの A 政党の支持者の割合を R とする。標本比率 R が 50 % 以上 55 % 以下である確率を求めよ。

TR (標準) **53** ある地域では有権者において，B 政党の支持者の割合が 60 % であることがわかっている。この地域で，有権者の中から無作為に 600 人抽出したときの B 政党の支持者の割合を R とする。標本比率 R が 57 % 以上 60 % 以下である確率を求めよ。

13 推定，仮説検定

基本 例題 54 ある地域で 17 歳 400 人の身長を測って，平均値 165.2 cm，標準偏差 5.7 cm を得た。この地域の 17 歳の平均身長 m cm に対して信頼度 95 % の信頼区間を，小数第 2 位を四捨五入して小数第 1 位まで求めよ。

TR (基本) 54 大量生産されたある製品から 100 個を無作為に抽出して長さを調べたところ，平均値が 105.4 cm であった。母標準偏差を 1.5 cm として，この製品の長さの母平均 m cm に対して信頼度 95 % の信頼区間を，小数第 2 位を四捨五入して小数第 1 位まで求めよ。

基本 例題 55

□ ▶ 解説動画

ある商品 A について 300 人にアンケート調査をしたところ，商品 A を支持する人が 210 人いた。商品 A の支持者の母比率 p に対して，信頼度 95 % の信頼区間を求めよ。ただし，$\sqrt{7} = 2.65$ で計算し，小数第 4 位を四捨五入して小数第 3 位まで答えよ。

TR (基本) 55 ある地域では A，B 2 種のトンボが生息している。この地域で 100 匹のトンボを捕えたところ，A 種のトンボが 80 匹いた。この地域の A 種のトンボの生息率は何 % 以上何 % 以下であるといえるか。信頼度 95 % で推定し，生息率 (%) は小数第 2 位を四捨五入して小数第 1 位まで答えよ。

基本 例題 56　内容量 255 g と表示されている大量の缶詰から，無作為に 100 個を取り出し重さを測ったところ，平均値 254 g，標準偏差 7 g であった。全製品の 1 缶あたりの平均内容量は表示通りでないと判断してよいか。有意水準 5 % で検定せよ。

TR (基本) **56**　A 社の電池の寿命は平均 60 時間であるといわれている。A 社の電池 30 本を無作為に抽出して寿命を調べたところ，平均値 63.7 時間，標準偏差 7.4 時間であった。A 社の電池の寿命は平均 60 時間ではないと判断してよいか。有意水準 5 % で検定せよ。ただし，この電池の寿命は正規分布に従うものとみてよい。

基本 例題 57 あるさいころを 500 回投げたところ，1 の目が 100 回出たという。このさいころの 1 の目は出やすいと判断してよいか。有意水準 5 % で検定せよ。

TR (基本) 57 ある薬の副作用の発生率は従来 4 % であったが，改良した新しい薬を 400 人の患者に用いたら，8 人に副作用が発生した。改良によって，副作用の発生率が下がったと判断してよいか。有意水準 5 % で検定せよ。ただし，400 人の患者は無作為に抽出されたものとする。

88

正 規 分 布 表

次の表は，標準正規分布の分布曲線における右図の
灰色部分の面積の値をまとめたものである。

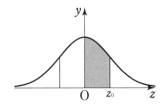

z_0	0.00	0.01	0.02	0.03	0.04	0.05	0.06	0.07	0.08	0.09
0.0	0.0000	0.0040	0.0080	0.0120	0.0160	0.0199	0.0239	0.0279	0.0319	0.0359
0.1	0.0398	0.0438	0.0478	0.0517	0.0557	0.0596	0.0636	0.0675	0.0714	0.0753
0.2	0.0793	0.0832	0.0871	0.0910	0.0948	0.0987	0.1026	0.1064	0.1103	0.1141
0.3	0.1179	0.1217	0.1255	0.1293	0.1331	0.1368	0.1406	0.1443	0.1480	0.1517
0.4	0.1554	0.1591	0.1628	0.1664	0.1700	0.1736	0.1772	0.1808	0.1844	0.1879
0.5	0.1915	0.1950	0.1985	0.2019	0.2054	0.2088	0.2123	0.2157	0.2190	0.2224
0.6	0.2257	0.2291	0.2324	0.2357	0.2389	0.2422	0.2454	0.2486	0.2517	0.2549
0.7	0.2580	0.2611	0.2642	0.2673	0.2704	0.2734	0.2764	0.2794	0.2823	0.2852
0.8	0.2881	0.2910	0.2939	0.2967	0.2995	0.3023	0.3051	0.3078	0.3106	0.3133
0.9	0.3159	0.3186	0.3212	0.3238	0.3264	0.3289	0.3315	0.3340	0.3365	0.3389
1.0	0.3413	0.3438	0.3461	0.3485	0.3508	0.3531	0.3554	0.3577	0.3599	0.3621
1.1	0.3643	0.3665	0.3686	0.3708	0.3729	0.3749	0.3770	0.3790	0.3810	0.3830
1.2	0.3849	0.3869	0.3888	0.3907	0.3925	0.3944	0.3962	0.3980	0.3997	0.4015
1.3	0.4032	0.4049	0.4066	0.4082	0.4099	0.4115	0.4131	0.4147	0.4162	0.4177
1.4	0.4192	0.4207	0.4222	0.4236	0.4251	0.4265	0.4279	0.4292	0.4306	0.4319
1.5	0.4332	0.4345	0.4357	0.4370	0.4382	0.4394	0.4406	0.4418	0.4429	0.4441
1.6	0.4452	0.4463	0.4474	0.4484	0.4495	0.4505	0.4515	0.4525	0.4535	0.4545
1.7	0.4554	0.4564	0.4573	0.4582	0.4591	0.4599	0.4608	0.4616	0.4625	0.4633
1.8	0.4641	0.4649	0.4656	0.4664	0.4671	0.4678	0.4686	0.4693	0.4699	0.4706
1.9	0.4713	0.4719	0.4726	0.4732	0.4738	0.4744	0.4750	0.4756	0.4761	0.4767
2.0	0.4772	0.4778	0.4783	0.4788	0.4793	0.4798	0.4803	0.4808	0.4812	0.4817
2.1	0.4821	0.4826	0.4830	0.4834	0.4838	0.4842	0.4846	0.4850	0.4854	0.4857
2.2	0.4861	0.4864	0.4868	0.4871	0.4875	0.4878	0.4881	0.4884	0.4887	0.4890
2.3	0.4893	0.4896	0.4898	0.4901	0.4904	0.4906	0.4909	0.4911	0.4913	0.4916
2.4	0.4918	0.4920	0.4922	0.4925	0.4927	0.4929	0.4931	0.4932	0.4934	0.4936
2.5	0.4938	0.4940	0.4941	0.4943	0.4945	0.4946	0.4948	0.4949	0.4951	0.4952
2.6	0.4953	0.4955	0.4956	0.4957	0.4959	0.4960	0.4961	0.4962	0.4963	0.4964
2.7	0.4965	0.4966	0.4967	0.4968	0.4969	0.4970	0.4971	0.4972	0.4973	0.4974
2.8	0.4974	0.4975	0.4976	0.4977	0.4977	0.4978	0.4979	0.4979	0.4980	0.4981
2.9	0.4981	0.4982	0.4982	0.4983	0.4984	0.4984	0.4985	0.4985	0.4986	0.4986
3.0	0.4987	0.4987	0.4987	0.4988	0.4988	0.4989	0.4989	0.4989	0.4990	0.4990